我的家在中國・湖海之旅 1

黃海

蓬萊山外那片海

檀傳寶◎主編　陳苗苗◎編著

中華教育

仙氣、福氣，榮耀、傷痕與輝煌重建，你是否想到黃海來，聽浪花講述那曲折動人的故事？

目錄

旅程一

感受黃海神韻

八仙從哪裏過海？

「八仙過海」的故事在中國家喻戶曉，可是，八仙們從哪裏過海的呢？這就是我要帶你去的地方——黃海。

出發前，我們先了解一下有關黃海的地理常識。

黃海，是太平洋西部的一個邊緣海，位於中國大陸與朝鮮半島之間，西北部通過渤海海峽與渤海相連。瀕臨黃海的主要行政區有遼寧、山東和江蘇三省，主要沿海城市有大連、丹東、煙台、青島、連雲港等。

摸清了黃海的方位，我們這就跟隨八仙的腳步，去感受黃海的神韻吧！

相傳，八仙一行來到黃海之濱，也就是現在山東省煙台市蓬萊所在地。本來，騰雲駕霧一眨眼就能過海，而鐵拐李偏偏別出心裁，提議憑各自的寶物渡海。這就是後來「八仙過海，各顯神通」的起源。

我提議，咱們憑各自的寶物過海。
好，我們就八仙過海，各顯神通！
小朋友，別羨慕我們，神仙也是凡人做，只怕凡人心不堅。

漢鍾離率先把大芭蕉扇往海裏一扔，袒胸露腹躺在扇子上，愜意地漂向遠方；何仙姑接着將荷花往水中一拋，頓時紅光萬道，她輕盈地佇立荷花之上，隨波蕩漾。隨後，呂洞賓用寶劍、張果老用紙驢、曹國舅用護板、鐵拐李用寶葫蘆、韓湘子用簫、藍采和用花籃，八仙們藉助各自的寶物，大顯神通，遨遊而去。你羨慕他們嗎？

▲「八仙過海口」，這五個大字是蘇東坡所題，相傳這裏是八仙過海之地

海風徐來，世俗的雜念和身體的疲憊一掃而空，渾身輕鬆的人怎不快活似神仙？

你知道中國四大海嗎？ 

中國四大海從北到南依次是渤海、黃海、東海、南海，總面積470多萬平方公里的海洋疆域，與約960萬平方公里的陸地面積一起，共同組成了我國的國家領土。

亮出你的「寶物」來！

「八仙過海」的故事，後來引申為「八仙過海，各顯神通」這句成語，多用來比喻在集體生活中，各人有各人的辦法，或者各自拿出本領來完成共同的工作。想一想，你們學校舉辦各種活動時，有沒有上演過「八仙過海，各顯神通」的場面？你參與過嗎？

你的強項是甚麼？請勿忘記身邊的寶物啊！

八位神仙的傳説在中國家喻户曉，有一個日用品的名字就與他們有關，你能猜出來嗎？透露一下它的長相——

答案：八仙桌

《山海經》的大牌讀者

俗話說：「山不在高，有仙則名；水不在深，有龍則靈。」黃海之濱的蓬萊，因與八位神仙有緣，顯得仙霧氤氳、不同凡響。蓬萊的「仙氣」之所以深，不僅與八仙過海的傳說有關，更有海市蜃樓奇觀、秦始皇求仙藥等故事，說它是人間仙境一點也不誇張。

有關蓬萊的最早記載，見於《山海經》，書中說，海上有三座仙山，蓬萊、瀛洲、方丈。《山海經》是本甚麼書？它主要講述民間傳說中的地理知識，包括山川、礦物、民族、物產、藥物等，堪稱一部充滿神奇色彩的著作。戰國時期，很多人都是這本書的忠實讀者，這其中也包括統一六國的秦始皇，書中提到的仙山——蓬萊，令他朝思暮想，甚至到了痴迷的地步。

其實，早在秦始皇關注蓬萊前，齊威王、燕昭王等霸主們都曾派探險家出海找尋仙山，求長生不老藥，好永享榮華富貴。可惜，屢次無功而返。

秦始皇決定親自出馬，他開始大規模東巡，想不到的是，東巡的路上遇到了刺客，不但仙藥沒找到，還因此受到驚嚇，沒等回到咸陽就離開了人世。

你見過海市蜃樓嗎？

把蓬萊奉之為「仙境」，很大程度上是海市蜃樓的關係。

蓬萊閣前常出現「海市蜃樓」奇觀，你看，一個海濱小城的鳥瞰圖，鑲嵌在蓬萊閣的上空，亦夢亦幻。「畫工不能窮其巧」的描述正是「海市蜃樓」奇景的生動寫照。

海市蜃樓是一種因光的折射和全反射而形成的自然現象。海面、江面、湖面、雪原、沙漠或戈壁等地方，偶爾會在空中或「地下」出現高大樓台、城郭、樹木等幻景，稱海市蜃樓。

漢武帝居然被騙了

號稱雄才大略的漢武帝劉徹，求仙心之切與秦始皇比起來有過之而無不及，他甚至想親自乘船渡海求仙，第一次被羣臣勸服，第二次是苦勸也不聽，幸好天公不作美，颳了十多天大風，他才作罷。

說到這兒，不能不講講漢武帝被騙的事：據說，漢武帝特別寵信一個方士，這個方士號稱能弄到長生不老藥，漢武帝一高興，就把自己的寶貝女兒許配給了他。

但時間一長，漢武帝開始懷疑，這個駙馬到底會不會仙術。於是，漢武帝派人偷偷監視駙馬，這個駙馬實在是膽大，他在蓬萊附近閒逛數日後，回來想編些謊言繼續欺騙漢武帝。誰知話還沒說出口，漢武帝的密探就站出來揭發了他。結果，駙馬的身份被取消，人也被砍頭。

漢武帝尋仙訪

道雖然被騙，但還是下令建造了一座城，以此瞭望仙山。這座城就取名「蓬萊」。從此，《山海經》上虛無的蓬萊，化作人世間實實在在的地名——蓬萊，這也算是漢武帝的一個功勞吧！

蓬萊被奉為仙境，蓬萊閣因此而建。蓬萊閣坐落在蓬萊區城北的丹崖山巔，創建於宋代，與滕王閣、黃鶴樓、岳陽樓一起並稱中國古代四大名樓。閣下面臨大海，建築凌空，遊人站在閣上，情不自禁想乘風飛去。

蓬萊區屬山東省煙台市，地處膠東半島最北端，瀕臨黃海、渤海，東臨煙台，南接青島，北與天津、大連等城市隔海相望。

五天的知州

假如，給你五天時間，讓你做一個城市的市長，你能做出成績嗎？

有一個人做到了，他就是蘇東坡。我們在湖海之旅系列之《西湖》中，提到過他在杭州的政績。那之後，蘇東坡又被派往古登州當知州。當時，登州府衙所在地就是蓬萊。誰知，蘇東坡到蓬萊剛上任才五天，皇帝又急召他回京城。

蘇知州，您剛到登州，就走訪我們尋常百姓家，這也太敬業啦！
要為老百姓做好事、辦實事嘛。

有人說，五天，遊山玩水、接風洗塵還不夠呢，哪談得上甚麼政績呢！別忘了，蘇東坡既是個傑出詩人，也是個敬業官員。他一到登州，就採取走訪調查的方式，深入大街小巷，與當地百姓零距離接觸，了解民生問題。

現在，皇帝召他回京處理其他工作，按理說，他可以把登州調研報告放在一邊，找個理由，比如不在其位、不謀其政之類的。但蘇東坡沒有這樣做，回京後，他立即向朝廷遞交調研報告，指出問題所在並提出改善措施。

我們都知道，百姓生活離不開「油鹽醬醋茶」，當時，登州制度規定，老百姓必須高價從官家買鹽，但普通百姓人家買不起鹽，只好少吃或不吃鹽。長此以往，百姓身體難免虛弱，患病率高。體恤民情的蘇東坡發現了這一弊端，請求朝廷改革

蘇大人工作效率這麼高，有甚麼秘訣嗎？
調查研究很重要。

登州賣鹽制度。皇帝很快批准了蘇東坡的請求，這極大地造福了登州及附近百姓。

對一般人來說，五天完成這一項工作已經是高效了，但蘇東坡完成的還不止這一項。他站在蓬萊閣遙望大海，不僅從詩人的角度欣賞海之美，還從國防的角度進行了分析，他認為一片太平中潛伏着危機，建議朝廷加強這裏的海防措施、培養水軍。後來這兒不斷發生倭寇入侵，證明蘇東坡確有遠見。

◀五天登州府，千年蘇公祠

匆匆五天，蘇東坡竟在安民、保國兩方面都留下了業績，當地人在蓬萊山修建了蘇公祠等建築，以表達對他的敬愛和思念。的確，百姓怎麼會忘記這樣的「市長」呢？

在短短的任期裏，蘇東坡視察海防、為民請命，還兩次登臨蓬萊閣，留下了《望海》《海市詩》《海上書懷》等詩文佳作。

其中，《海市詩》獨領風騷：

東方雲海空復空，羣仙出沒空明中。蕩搖浮世生萬象，豈有貝闕藏珠宮！心知所見皆幻影，敢以耳目煩神工。

詩句所描繪的「海市蜃樓」，為蓬萊仙境增添了迷人的色彩。後人提到與蓬萊海市蜃樓有關的詩文，往往都繞不開這首詩。

◀蘇東坡《海市詩》碑刻珍藏在蓬萊閣，有機會別忘了欣賞一下

你覺得市長應該忙甚麼？說說理由。

如果讓你做一週當地市長，你最想為市民做的事情是甚麼？

調查市民的衣、食、住、行等情況？

世上獨一無二的分界線

看見了嗎？水中央有條涇渭分明的海域分界線，它是怎麼形成的呢？

我們前面提到，黃海的西北部通過渤海海峽與渤海相連，那麼，黃海與渤海是如何分界的呢？

經精確測量，山東蓬萊田橫山與遼寧旅順老鐵山之間的連線，構成了渤海與黃海的天然分界線。田橫山地處蓬萊陸地最北端，也是膠東半島最北端，這塊突入海中的陸地岬角也被稱為蓬萊岬，是黃海、渤海分界線的南端起點。

黃海、渤海之間的這條分界線，在世界海洋範圍來看，是獨一無二的呢！

這條分界線是怎麼來的呢？

傳說是玉皇大帝給劃分的，這件事還花了他老人家不少腦筋。為甚麼呢？東海、南海兩位龍王因為是兒女親家，彼此相安無事，但黃海、渤海兩位龍王因為海界問題，鬧得不可開交，雙方蝦兵蟹將經常攪得海水變色。

玉皇大帝與兩位龍王商量，是否願意在海面上劃分一條永久界線，從此互不侵犯。礙於玉帝的面子，兩位龍王勉強答應。於是，玉帝命太白金星朝海面投一支令箭，令箭在海

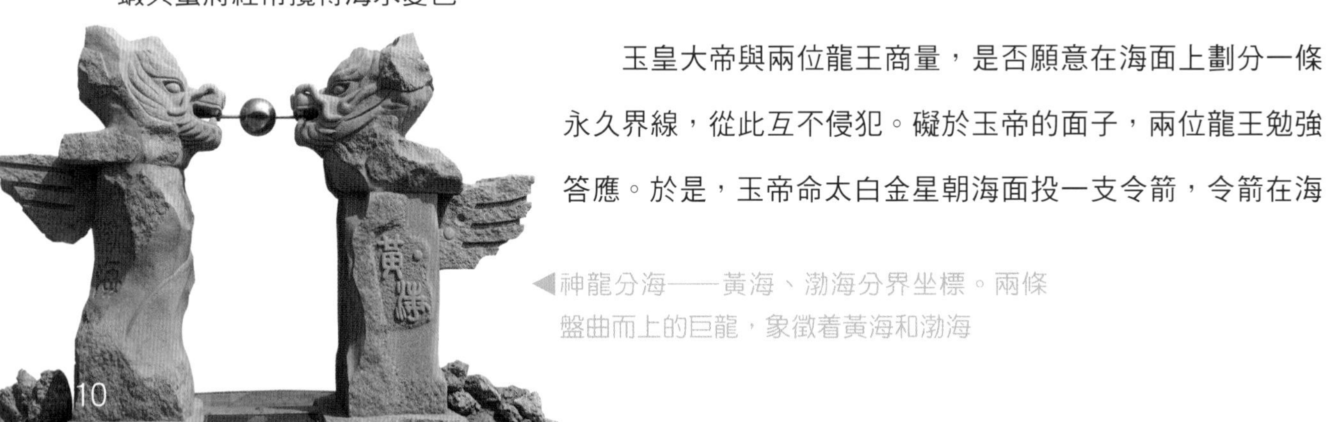

◀神龍分海——黃海、渤海分界坐標。兩條盤曲而上的巨龍，象徵着黃海和渤海

水中激起萬丈波濤，不一會兒，海底漲出一道界塹。

與此同時，渤海這邊海水變得略黃，黃海這邊反而湛藍起來。渤海龍王面露不悅。玉帝解釋說，黃海的顏色偏黃，因黃河帶着黃土高原的沃土與營養而來，現在，營養分你領海一點，對你這邊的龍子、龍孫還有蝦兵蟹將大有裨益，你應該感謝黃海龍王才是啊！兩位龍王一聽，都樂了，從此握手言和。

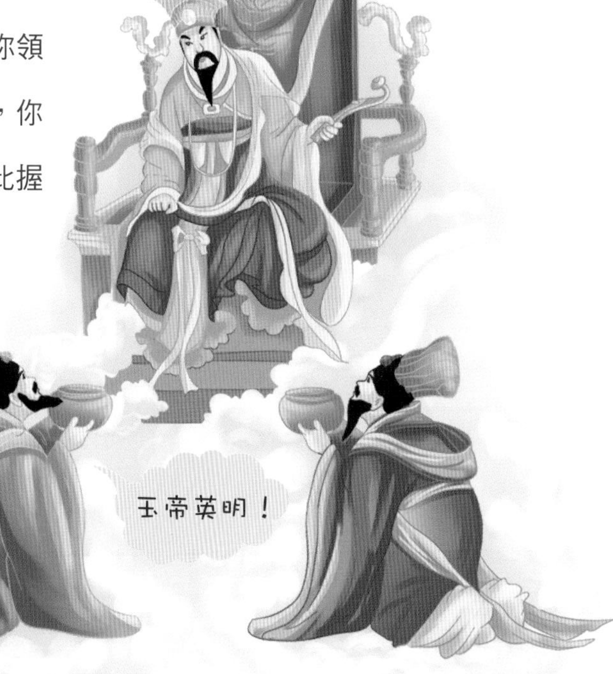

不過，傳說終究是傳說，有關黃海、渤海分界線的成因，還得聽聽科學家的解釋。他們說，黃、渤兩海的浪潮，由海角兩邊湧來，交匯在這裏，因兩海海水的高度、顏色不一，交界處便組成了一幅奇妙的「太極圖」，這下，你豁然開朗了吧！

黃海海水為甚麼發黃？

黃海位於中國與朝鮮半島之間，中國的淮河、碧流河、鴨綠江，及朝鮮半島的漢江、大同江、清川江等注入黃海，河水攜帶泥沙過多，所以海水呈現黃色。

打開地圖，找到奇妙的黃海和渤海交界處，感受一下大自然的神奇吧！

山東蓬萊岬是黃海、渤海分界線的南端起點，遼東半島的旅順老鐵山則是北端起點，這裏有一處獨特景觀，叫塔觀雙海，「塔」即老鐵山燈塔，「雙海」指黃海和渤海。

誰是中國近代第一所大學？

誰是中國近代第一所大學？北洋大學堂？京師大學堂？有關這個問題，一直存在爭議。還有一種說法認為，登州文會館才是中國近代第一所大學。證據是甚麼？有研究者認為，其設立地點就很能說明問題。

登州文會館設在蓬萊，過去，人們習慣上總是把蓬萊稱為登州。登州因港而興，始於春秋時期，與求仙活動有一定關係。那時，古人自登州出發，到遼東半島，再沿岸進發，到達朝鮮、日本。

登州是海上絲綢之路的
起點，我們日本使臣來
長安都要從這裏登陸。

到了唐代，中國的對外往來日益頻繁，眾多的日韓人士相繼從登州這個門戶進入中國前往唐都長安。登州逐漸成為中國北方的第一大港，與我國東南沿海的泉州、明州（寧波）和揚州，並稱為中國四大通商口岸。

近代，這裏是山東第一個開放通商的口岸，許多外國傳教士紛紛前來，傳教的同時還開辦現代醫院、創建現代學校。登州由此在中國近代教育史上創下了多個「第一」，對中國清末民初文化發展的影響巨大。

研究者們明確提出，這許多個「第一」中就包含登州文會館，它是近代第一所大學，它比盛宣懷倡議、1895 年經光緒皇帝批准創辦的北洋大學還早十多年，而且，它還是當時最好的大學。何以為證呢？

研究者們從檔案館裏找出當年的畢業考試題目作為論據。話說當年第一屆的三名學生畢業時，學校創辦人——傳教士狄考文設計了多元化的考試項目，包括文學競賽、兩次演講、一次辯論等，學生表現的好壞由裁判員來判定。這三名學生獲得登州文會館的文憑。後來，文會館逐漸擴充，發展成齊魯大學，這三人又被視為齊魯大學的第一屆校友。

第一所大學的新鮮事

首次引入電燈。

首次將五線譜引入中國教材，並用漢字「多、拉、米、乏、所、拉、替」標明唱法。

首次採用阿拉伯數字、加減號等國際通用符號。

旅程二

歷史傷痕知多少

「不」字壞不得

站在黃海和渤海分界線，還來不及和浪花嬉戲，一塊石碑就呈現在我們面前。石碑上寫着「海不揚波」，碩大的字體，端莊肅穆。當中的「不」字，明顯有修補過的痕跡。

據當地人說，中日甲午海戰期間，日軍一發炮彈從這裏射穿，幸好那炮彈是啞炮，沒造成太大的破壞，但把「不」字損壞了。「海不揚波」，比喻平安無事，「不」字要是壞了，碑刻的意思就完全變了，於是，當地百姓趕緊修補了石碑。

對黃海來說，海不揚波是它真心的期盼。本書開篇就介紹了黃海的地理位置，它是被中國山東半島、江蘇沿岸和朝鮮半島包圍着的一塊半封閉狀的海，雖然面積是毗鄰中國大陸的三大海域中最小的一個，但地理位置非常重要。

拿黃海、渤海分界線上的蓬萊來說，古時候，它就是軍事要塞。現在，蓬萊區城北丹崖山下，還有迄今保存最完整的古代水城，它的歷史要追尋到宋代，水城當時叫「刀魚寨」，因港內停泊外形酷似刀魚的戰船而得名。明代時，這裏的海防建設達到了空前的規模，民族英雄戚繼光在「刀魚寨」的基礎上新建了水城，操練水師，抵禦倭寇侵擾。

蓬萊水城與蓬萊閣相鄰而居，依山傍海，是中國古代海防建築科學的傑出代表。水城由水中城牆環繞而成，周長約 3 千米，面積 25 萬平方米，建有水門，設閘蓄水。平時，閘門高懸，船隻隨意進出；一旦發現敵情，閘門放下，海上交通便被切斷。

水城雖經歷了近千年風雨的侵蝕和海水的沖刷，但昔日雄偉氣勢猶存。

▲戚繼光的戎裝雕像面南背海、按劍而立

我像刀魚嗎？別看我現在不起眼，我曾是海上軍事急先鋒呢！
別看我老了，我曾守海保疆、威震一方呢！

▼修復後的水城城牆

神奇的老虎尾巴

▼一夫當關，萬夫莫開

看上圖，地貌有甚麼奇特處？

沙嘴一端與陸地相連，尾部深入海中，呈狹長的反「S」形，被形象地叫作「老虎尾」。

依你看，這麼奇特的地形適合做甚麼用？

100 年前，李鴻章來到這裏，認定此處是天然軍港。

他憑甚麼這麼判斷呢？他的眼光準確嗎？

「老虎尾」位於大連旅順口西南處，旅順口位於遼東半島最南端，東臨黃海、西瀕渤海，南與山東半島威海衞隔海相望。

李鴻章為甚麼選中這裏？裏面自有玄機。從上圖可見，「老虎尾」與東側的黃金山半島對峙而立，形成一個寬近 300 米的入海口，但 300 米之中只有一條 91 米的航道，每次只能通過一艘大型軍艦，可謂是「一夫當關，萬夫莫開」，在戰略上是易守難攻。不僅如此，其險要之處還在於航道兩側的山上，可隱蔽許多火力機關，敵艦很難靠近。

1880 年 6 月，大清重臣李鴻章確定在旅順口開港築塢，他對這個海防工程重視到甚麼程度呢？從工程項目、資金劃撥、進口器材、選派官員到任用外國顧問等，他都親自審批，整整耗費了 10 多年時間，終於建成了設備上乘、功能齊全的亞洲第一流近代海軍基地。

李鴻章相中旅順口，證明他的眼光夠犀利。但李鴻章沒有預料到的是，苦心經營的防禦體系，被渲染得固若金湯的堡壘，在甲午海戰中，竟然如紙糊的燈籠一樣，被日軍一戳就破了。1894 年 11 月，清軍在這裏僅堅持 6 天，就全線失守，他們是兩個月前從黃海海戰戰場撤退到這裏的，那場海戰帶給中華民族的震撼實在是太大了，究竟是怎樣刻骨銘心的回憶，我們下一個故事見。

哪怕花上10年時間，我也要把這裏建成亞洲第一流海軍基地。

旅順口，吉祥的名字，波折的命運。

旅順口歷史非常悠久，5000年前就有人類居住。明代時，朱元璋派大將從山東蓬萊乘船跨海在此登陸收復遼東，因海上旅途一帆風順，遂將此地取名旅順口，一直沿用到今天。

1880年，清政府在此興辦北洋水師，逐步建成海軍基地；1894年的中日甲午戰爭，給旅順口的歷史、給中華民族留下了恥辱、悲傷的一頁。

如今，旅順港成為中國人民解放軍海軍的重要基地。軍港東側已經改建成公園對外開放，園內的銅獅是旅順口的標誌。

五小時的烙印

你經歷過刻骨銘心的失敗嗎？

你會記住失敗的教訓嗎？

1894 年震驚世界的中日黃海海戰，是中華民族歷史上最刻骨銘心的一次失敗，僅僅五個多小時，號稱亞洲第一的北洋水師，遭受重創。

甲午戰爭爆發後，日本海軍準備在黃海尋殲北洋水師。1894 年 9 月，中日海軍在黃海北部海域相遇，遂爆發了中國近代海軍建軍以來最大的一次海戰。戰爭結果是，北洋艦隊失利，日本基本上掌握了黃海制海權。

但是，北洋水師官兵奮勇殺敵、視死如歸的英雄氣概實在可欽可佩。鄧世昌就是其中一位。

鄧世昌指揮的「致遠號」在戰鬥中最為英勇，前後火炮一齊開火，連連擊中日艦。日艦包圍過來，「致遠號」受了重傷，開始傾斜，炮彈也打光了，鄧世昌感到最後時刻到了。他下令開足馬力向日艦「吉野號」衝過去，要和它同歸於盡。這時，一發炮彈不幸擊中「致遠號」的魚雷發射管，管內魚雷發生爆炸，導致「致遠號」沉沒，200 多名官兵犧牲。

黃海大戰最悲壯的一幕

關於鄧世昌的犧牲，有多種版本，流傳最廣的說法是鄧世昌墜身入海後，隨從拋給他救生圈，他執意不接，愛犬「太陽」飛速游來，銜住他的衣服，想把他救上來。可他見部下大都犧牲了，狠了狠心，按下愛犬的頭，一起沉入黃海波濤中，從容獻出了寶貴的生命。

接下來的兩三個月，黃海徹底失去了安寧，日本海軍又攻下中國的旅順口、威海衛，至此，北洋水師徹底土崩瓦解。黃海上，留下的是中華兒女的痛楚、恥辱與悲傷。

重尋失落的夢

它的造型如一艘泊在海邊的戰艦，一位清代海軍將領挺立在甲板上，雙手持一隻單筒望遠鏡瞭望前方，海風鼓起他的斗篷，定格成一尊塑像，守望着海疆。再看他的腳下，那是幾艘船體雕塑，顯示剛剛發生過猛烈的撞擊。

這個造型大膽、設計獨特的建築其實是一座大型博物館——中國甲午戰爭博物館，陳列主題是北洋海軍和甲午戰爭。

博物館建於 1985 年，建在山東省威海市的劉公島。在中國沿海成千上萬個大小島嶼中，劉公島的知名度絕對名列前茅。

劉公島位於山東威海灣口，它面臨黃海，背接威海灣，島嶼不僅風光優美，且地理位置極佳，堪稱天然屏障。100 多年前，在萬眾的歡呼聲與世界的矚目中，北洋水師在劉公島正式成軍，島上建有北洋海軍提督署、水師學堂、水師養病院、鐵碼頭、電報局、電燈台、船塢、炮台等一系列海軍軍事與基地保障設施，實力名列亞洲第一。

此圖為「致遠號」的前主錨，於1988年打撈出海。看到它，你會睹物思人嗎？

這個建築被譽為「20世紀中華百年建築經典」，仔細看看，它有甚麼特點？

甲午海戰，北洋水師幾乎全軍覆沒，面對殘破的海防格局，受限於經費、人才或政局變動的原因，清政府一直未有大動作來重整海軍。甲午戰後 10 多年間，中國沿海的重要軍事港口快要被列強瓜分殆盡，中國海軍甚至找不到一個停泊的基地。

1955 年夏天，旅順港軍旗獵獵、戰歌嘹亮。這是中華人民共和國組織的第一次三軍聯合演習。選擇旅順口，還有另一層意味。自 1895 年 4 月簽訂《中日馬關條約》，把遼東半島割讓給日本，到 1955 年 4 月順利接收旅順口，整整過了 60 年。至此，旅順港才真正回到中國人民自己的手裏。當天，許多飽經滄桑的老人撫今追昔，淚濕襟懷。

2009 年 4 月 23 日，一場海上大閱兵在黃海海域展開，這是中國第一次舉辦多國海軍檢閱活動，也是中國海軍歷史上最大規模的海上閱兵。

猜一猜，多國海軍檢閱活動為甚麼選在4月23日？

因為這一天是中國海軍的生日。中華人民共和國成立之初，中國人民海軍只有幾十艘艦艇，百廢待興。毛澤東親自題詞：「我們一定要建立強大的海軍。」此後，中國人民海軍相繼在黃海舉行多次聯合軍演。

在人民海軍的艦艇方陣中，有兩艘戰艦是以人名命名的：一艘是遠洋航海訓練艦——「鄭和」艦，另一艘，你知道是以誰的名字命名的嗎？（提示：他是中日黃海海戰中的英雄，他是「致遠號」的管帶。）

答案：以鄧世昌命名的「世昌」艦

和平時期，海軍的使命是甚麼？

在和平時期，海上軍事行動主要包括：保護海上經濟利益、監督執行海上貿易條約、進行海洋科學研究、展開人道主義援助和災難救助等。

小建議：多關注新聞，看看中國海軍最近在忙甚麼。

黃海沉思一・昨天與今天

663 年，在黃海上爆發的白江口海戰，是中日關係史上的第一次戰爭，結果是日本慘敗。日本也由此認識到自身的不足，積極學習先進文化。

到了近代，明治天皇立志要打造一支強大的海軍。據說，為補充軍費，他不僅捐出了皇室開支的十分之一，甚至拿出了「餓肚皮」的精神，一天只吃一餐飯。有中國人帶回來日本天皇靠擠牙縫來供養海軍的見聞，在京城裏居然被傳為笑談。

有人說，這件事與中日黃海海戰的結果雖沒有必然聯繫，但從側面反映出一個道理：成功並非偶然，失敗並非必然。你贊同這個分析嗎？

你有過難忘的失敗經歷嗎？是甚麼原因造成的？後來你戰勝挫折了嗎？

擦亮黃海明珠

麋鹿回家

你讀過《封神榜》嗎？注意過姜子牙的坐騎嗎？

像鹿不是鹿，像馬不是馬，請問，牠是甚麼動物呢？

姜子牙的坐騎模樣非常特殊，像鹿又不是鹿，像馬又不是馬，人們稱之為「四不像」。「四不像」究竟為何物呢？牠其實是對一種稀有動物的稱呼，這種稀有動物叫作麋鹿。

麋鹿，犄角像鹿，面部像馬，蹄子像牛，尾巴像驢，但整體看上去，卻似鹿非鹿，似馬非馬，似牛非牛，似驢非驢，於是人們稱其名曰「四不像」。

從春秋戰國時期至清代，古人沒少在書裏記錄麋鹿。麋鹿不僅是祖先狩獵的對象，也是宗教儀式中的重要祭物。

麋鹿的故鄉在哪裏？據考證，麋鹿的存在已有300多萬年的歷史，廣泛地分佈在江蘇沿海一帶，這裏瀕臨黃海，有典型的沖積平原沼澤地，適合麋鹿生活。

元代建立以後，善騎射的蒙古族把野生麋鹿從黃海灘塗捕運到北京，供皇家子弟們騎馬射殺。到清代初年，中國僅剩二三百隻麋鹿，圈養在北京南海子皇家獵苑。那時候，國外動物學界還不知道麋鹿的存在。

1865 年，法國博物學家大衛在北京進行動植物考察，無意中發現了南海子皇家獵苑中的麋鹿。他立即意識到，這是一羣陌生的、可能是動物分類學上尚無記錄的鹿。在一個月黑風高夜，皇家獵苑的看守祕密地收下 20 兩白銀，將一對鹿骨、鹿皮給了大衛。一年後，經過動物學家的鑒定，大衛發現新物種的消息便轟動了西方各國。

1900 年，八國聯軍攻入北京，南海子麋鹿被西方列強劫殺，倖存的麋鹿像戰俘一樣被押上船，開始了長達百年的流浪生涯。中國大地上再也見不到一頭麋鹿的蹤影。

遊子遠離故鄉，中國希望麋鹿能重返家園。1985 年，在世界野生生物基金會的努力下，英國政府決定，由倫敦 5 家動物園向中國無償提供麋鹿。1986 年 8 月，39 頭麋鹿從英國抵達江蘇省大豐市，重新回到祖先曾棲息過的黃海灘塗。

▼回到故土的麋鹿，與獐同戲、與鶴共舞

濕地，是指靠近江河湖海而地表有淺層積水的地帶，包括沼澤、灘塗、濕草地等，也包括低潮時水深不超過6米的水域。

黃海濕地是亞洲東部最大的一塊濕地，有「東方濕地之都」的美名。位於江蘇省鹽城市的射陽、大豐、濱海、響水、東台五地，都有典型的黃海濕地。

▲江蘇省鹽城市東臨黃海，擁有得天獨厚的黃海濕地，這裏是世界上最大的丹頂鶴越冬濕地

考考你的推理能力

在黃海濕地的灘塗上，麋鹿研究專家們發現了麋鹿化石，還有牙獐，這就更進一步確定，麋鹿曾生活在這裏。

你知道為甚麼嗎？

牙獐自古就是麋鹿的伴生物種，凡有麋鹿出沒的地方，一般都會有牙獐伴行。

「海歸」的煩惱

坐飛機，再坐汽車，萬里迢迢的顛簸，「海外遊子」麋鹿終於回家了。

從小在國外長大的牠們回家後會有哪些不適應？嘗試站在麋鹿的角度考慮一下。

踏浪趕海吃海鮮

神州大地，很多地名都有典故，一般與地容地貌、傳說、歷史名人或歷史事件等有關。比如說，呂四這個地方，之所以有「呂」字，是因為呂洞賓來過，之所以有「四」字，是因為呂洞賓來過此地四次。最後一次，呂洞賓又留下了坐騎丹頂鶴，故此，呂四又名為鶴城。意想不到吧，你覺得呂四這個名字起得怎麼樣？儘管呂四的名字起得妙，但我要說的是，呂四的海鮮更好。

▲呂四東臨黃海，是江蘇省最早看到日出的地方

呂四，位於江蘇省啟東市，北朝浩浩黃海，南臨滔滔長江，東接渺渺東海。它三水相交，地理位置獨特，境內呂四漁港更是全國聞名的八大漁場之一。

呂四東臨黃海，是江蘇省最早看到日出的地方。

呂四港，真可謂帆檣林立，舟船輻輳。市場裏海鮮應有盡有：金燦燦的黃魚，銀晃晃的帶魚，黑黝黝的墨魚，青背殼的海螃蟹，瑪瑙色的條蝦，乒乓球板似的鯧魚……現已出口世界 20 多個國家和地區。海鮮產量大到甚麼程度呢？看看右面的漫畫體會一二吧！

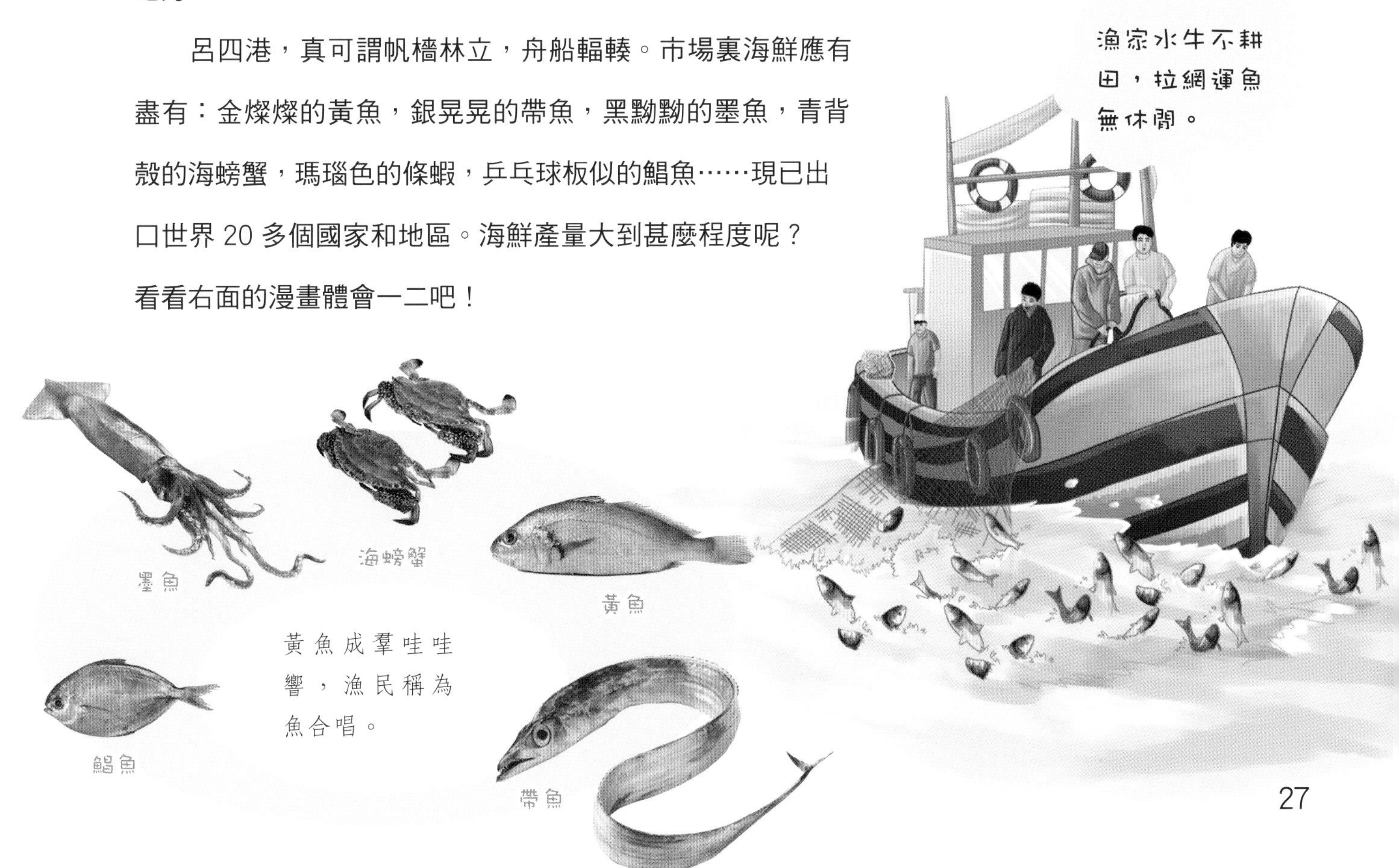

漁家水牛不耕田，拉網運魚無休閒。
墨魚
海螃蟹
黃魚
黃魚成羣哇哇響，漁民稱為魚合唱。
鯧魚
帶魚

呂四港，更是承載着孫中山先生期盼和夢想的地方。早在民國初年，孫中山先生在《建國方略》中就提到，預備把呂四列為開發港之一。

如今，呂四港悄然蛻變，開發取得了實質性進展。它正在成為以臨港工業為主體，以港口物流為支撐，集海洋漁業、生活配套、現代服務業於一體的多功能臨港新城。

呂四漁場獨特的地理環境，與世界著名的祕魯漁場、北海漁場和紐芬蘭漁場相似，是世界著名的漁場之一。

李海、王海、趙海，咦，呂四小朋友的名字裏，好多都帶「海」字。你知道原因嗎？

當地老人説：大海之恩難忘懷，漁家後代都叫海。

説説你的名字，探尋背後的故事，看看裏面寄託了家人哪些期望。

青島的前世今生

青島怎麼這麼多歐式建築？

前世篇

這幅圖片是在中國拍攝的嗎？不會吧，這不是原汁原味的歐式建築嗎？

沒錯，這些建築是德國人在中國青島所建，可德國人為甚麼大老遠跑到中國青島蓋房子呢？

這可是前塵往事了。本書前面提到過，1894 年中日甲午戰爭爆發後，大清海軍陷入低谷，正杯弓蛇影之際，一支兵精械利的德國艦隊朝中國海岸襲來。已是驚弓之鳥的清政府，在 1898 年與德國簽署了中德《膠澳租借條約》，被迫將中國膠州灣及灣內各島租與德國，租期 99 年。

落後就要受欺負啊！

偉大的建築師們，施展你們才華的機會到了！
我要把青島建成一個「模範殖民地」。

其實，這個地處山東半島咽喉、瀕臨黃海的海灣，早就被德國皇帝相中了，他將其取名為青島，並下決心投入巨資，將青島建設成所謂的「模範殖民地」。

大批德國國內一流的建築設計師和城市規劃專家應召來到青島，按照當時全世界最先進的城市規劃理念進行設計，短短幾年時間內，行政機構、醫院、學校、教堂、港口、車站、店鋪以及工業區相繼建成。青島自此逐漸演變成為一座浸染德國文化的城市。

1913 年的《香港每日新聞》這樣報道青島：「從海上眺望青島城，只見其坐落在一片旖旎風光之中。這景色簡直就是德國的一個小小剪影，這剪影在移植過程中變得愈加完美。」

▲中國海洋大學魚山校區，曾經是德國俾斯麥兵營，校園至今還保留着許多西洋建築

青島的美令歐洲遊客激增，教人們如何更好地吃喝玩樂的旅遊指南也應運而生。1904年，一位德國人寫下青島旅遊攻略《青島及其周圍指南》，該書一出版就成為暢銷書，被翻譯成多國文字，足見其影響程度。

100多年前，德國人帶着歐美人玩轉青島。

今生篇

中華人民共和國成立後，青島走過了一段不平凡的發展之路。1984 年，青島成為我國第一批沿海開放城市之一，經濟得到迅速發展，讓世人見識到一個品牌之都的魅力。海爾、海信、青啤、雙星、澳柯瑪等國內著名品牌，都出自青島，覆蓋家電、食品、服裝等多個領域。

2008 年，奧運會在北京召開，青島作為唯一夥伴城市，承辦了奧運會帆船比賽，從此，「帆船之都」成為青島打造城市品牌的新目標。

今天的青島經過前世今生的輪迴，已發展成為中國面向世界的重要區域性經濟中心、東北亞國際航運中心，是中國舉辦大型賽事和國際盛會最多的大都市之一。唯有來青島了，你才知道，「紅瓦綠樹」「品牌之都」「宜居城市」都不是虛名。

▼ 帆船之都，這是青島的新名片

▼ 帆船運動風靡青島校園，你想參加嗎？

黃海沉思二·「美麗」的傷疤？

中國的近代史是一部悲壯的半殖民地史。曾被半殖民的城市，處處可見歷史的痕跡，青島有德式建築、大連有日本神社、上海有萬國建築、廈門有鼓浪嶼、哈爾濱有聖索菲亞教堂……當歷史翻到新的一頁，這些殖民建築應該何去何從？我們是把它們看作中國的舊傷疤，唯恐去之不及，還是尊重歷史，將其完整地保存與重現？說說你的想法和理由。

▲上海萬國建築

▲廈門鼓浪嶼

大連市沙河口区老干部活动中心
大连市老干部大学沙河口分校
▲大連日本神社

▲哈爾濱聖索菲亞教堂

它們是中國的舊傷疤，應該去掉。
它們都是歷史文化現象，用建築語言告訴後人很多東西，要尊重歷史，保護它們，創新重現。
辯
正方
主持人
反方
請說說你的想法和理由。

我的家在中國・湖海之旅 1

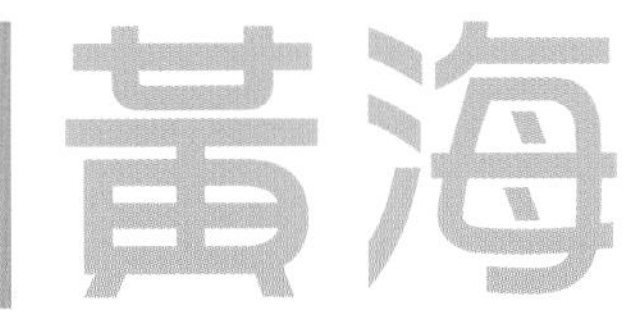

檀傳寶◎主編　陳苗苗◎編著

責任編輯：梁潔瑩
裝幀設計：龐雅美
排　　版：時　潔
印　　務：劉漢舉

出版 / 中華教育
香港北角英皇道 499 號北角工業大廈 1 樓 B
電話：（852）2137 2338
傳真：（852）2713 8202
電子郵件：info@chunghwabook.com.hk
網址：https://www.chunghwabook.com.hk/

發行 / 香港聯合書刊物流有限公司
香港新界荃灣德士古道 220-248 號
荃灣工業中心 16 樓
電話：（852）2150 2100
傳真：（852）2407 3062
電子郵件：info@suplogistics.com.hk

印刷 / 美雅印刷製本有限公司
香港觀塘榮業街 6 號
海濱工業大廈 4 樓 A 室

版次 / 2021 年 3 月第 1 版第 1 次印刷

規格 / 16 開（265 mm x 210 mm）